# 中国潮菜

非遗美食

## 畜禽类

第2版

肖文清 ◎ 编著

SPM 南方出版传媒

广东科技出版社 | 全国优秀出版社

· 广州 ·

图书在版编目（CIP）数据

中国潮菜. 畜禽类 / 肖文清编著. —2版. —广州：
广东科技出版社，2021.12
　　ISBN 978-7-5359-7778-6

　　Ⅰ.①中… Ⅱ.①肖… Ⅲ.①粤菜—菜谱
Ⅳ.①TS972.182.653

中国版本图书馆CIP数据核字（2021）第229359号

**中国潮菜：畜禽类（第2版）**
Zhongguo Chaocai: Chuqin Lei

出 版 人：严奉强
项目统筹：颜展敏　钟洁玲
责任编辑：张远文　彭秀清　李 杨
装帧设计：友间文化
责任校对：李云柯
责任印制：彭海波
出版发行：广东科技出版社
　　　　　（广州市环市东路水荫路11号　邮政编码：510075）
销售热线：020-37607413
http://www.gdstp.com.cn
E-mail: gdkjbw@nfcb.com.cn
经　　销：广东新华发行集团股份有限公司
印　　刷：广州一龙印刷有限公司
　　　　　（广州市增城区荔新九路43号1幢自编101房　邮政编码：511340）
规　　格：720mm×1 000mm　1/16　印张8.5　字数170千
版　　次：2021年12月第1版
　　　　　2021年12月第1次印刷
定　　价：56.80元

如发现因印装质量问题影响阅读，请与广东科技出版社印制室联系调换（电话：020—37607272）。

# 序一
# 烹饪与教育结出硕果
## ——肖文清与他的中国潮菜

第2版"中国潮菜"系列书脱胎于广东科技出版社在1998年出版的"中国正宗潮菜"系列书，一套4册，分别是《中国潮菜：水产类（第2版）》《中国潮菜：畜禽类（第2版）》《中国潮菜：果蔬类（第2版）》《中国潮菜：甜菜类（第2版）》，共收入240道潮菜。过去20多年，潮菜飞速发展，所以第2版的菜式图片全部重新拍摄，并结合实际情况更新了30多道菜肴，而且全书版式焕然一新。

作者肖文清是元老级中国烹饪大师、中国潮菜烹饪界德高望重的一代宗师、潮汕餐饮行业领军人物、汕头市非物质文化遗产代表性项目"潮菜（潮州菜）烹饪技艺"传承人。17岁那年，他以优异的成绩毕业于汕头市服务学校厨师班，进入当时整个粤东地区最高档的接待单位——汕头大厦厨房工作。在那里，他善于钻研，勤于实践，获名师悉心培养，专业学识和刀鼎厨艺快速提升。与一般厨师不一样的是，肖文清除了擅长烹调、点心操作技术，还专心于理论研究，在潮菜传承、创新方面有独到见解。1979年，肖文清开始进入潮菜教育培训领域，兼任汕头地区商业技工学校教师。从此，他在烹饪实操和潮菜教育两条战线上同时发力：一边钻研技艺，创新潮菜；一边负责编写教材，培养新一代厨师。1984年，他成为汕头市饮食服务总公司副总经理，分管4个集体企业公司，同时兼任汕头市饮食服务行业技术培训中心主任，主抓潮菜技能培训，对烹饪的高技能人才进行升级辅导。为配合教育培训，他访问老行尊，结合自己的工作实践，先后主持编写了《中国潮州名菜谱》《中国烹饪大师作品精粹·肖文清专辑》《正宗潮汕菜精选》等潮菜书籍。1998年在广东科技出版社出版的"中国正宗潮菜"系列书（全4册），就是这一阶段的成果。

几十年来，肖文清教育培训出的烹饪技术人才、餐饮服务人才成千上万。其中，通过考核的中式烹调师技师、高级技师达400多人，他们中有内地、港澳从事潮菜烹调的从业人员，也有来自国外的潮菜厨师。2005年肖文清获得中国烹饪协会颁发的"中华金厨奖最佳教育成就奖"。

可以说，在潮菜的烹饪和教育这两个领域，他都获得了丰硕成果。

2003年之后，他退而不休，多次带队到新加坡、泰国、马来西亚、中国香港、中国澳门、中国台湾等国家和地区举办"潮汕美食节"。肖文清的代表菜品有"红炖海螺""红炆海参""红炆海鳗""红萝卜馔""满地黄金"等。

潮菜诞生于潮汕平原，这里面朝大海，盛产名贵海味，农产品丰富，且烹饪技艺传承久远。本系列书依据食材大类，分成水产类、畜禽类、果蔬类、甜菜类4册。需要说明的是，潮菜的传统名肴，囊括了燕翅鲍参肚等高档食材，鱼翅曾是高端潮菜的主角。近年来，随着环保呼声日高，国际社会倡导不吃鱼翅，保护体形超大的大白鲨、鲸鲨、姥鲨等。在我国，2012年国务院发布新规，严禁公务接待食用鱼翅。在个人消费上，虽从未明令禁止，但我们也不提倡吃鱼翅。第2版我们保留了鱼翅相关菜肴，目的是让读者了解潮菜的历史传承和复杂的烹饪技法，举一反三，从而学会运用新的食材，烹制出健康环保的菜式。

潮菜是粤菜的三大流派之一，它传承久远，根深叶茂。改革开放以来，潮菜同样发生了翻天覆地的变化，很多传统名菜已经更新迭代。第2版"中国潮菜"系列书正是潮菜的迭代成果，这是对现当代潮菜烹饪技艺的一次总结。多年来，肖文清还负责潮汕地区烹调厨师和点心师等级考试、餐饮服务行业等级标准考核的命题及国家职业技能鉴定中式烹调师（粤菜）题库的修订。这样的资历，让本系列书具备了专业性和权威性。

本系列书涉及炊（蒸）、炆、炖、煎、炸、炒、泡、焗、扣、清、淋、灼、烧、卤等十几种烹饪方法，每款菜式详细列出选料配料、用量规格、制作步骤，简入浅出，通俗易懂，既适合专业厨师参考，也适合广大业余烹饪爱好者阅读。

相信第2版"中国潮菜"系列书的出版，将对潮菜在海内外的传承和传播起到积极的推动作用。

钟洁玲

资深编辑，美食作家

2021年8月28日

# 序二
## 潮菜的发展与特色

　　潮菜是粤菜三大流派之一，发源于潮州府，根植于潮汕大地，历经千余年的发展，以其独特风味自成一体。潮菜包括所有讲潮汕话地区的地方菜，人们又称之为潮汕菜、潮州菜。目前潮菜不仅风靡南粤，走俏神州，而且饮誉海外，香飘五洲，影响广泛而深远。

　　潮汕地处闽粤边界，位于东南沿海，韩江下游，北回归线横穿而过，气候温和，雨量充足，土地肥沃，物产极为丰富。这都是潮菜赖以发展的物质基础。

　　潮菜的形成和发展，源远流长。早在秦以前潮州为闽越，"以形胜风俗所宜，则隶闽者为是"，因此潮菜的渊源可追溯到古代闽越之时，其特色与闽菜有同源之处。秦以后潮州改属广东，潮菜也与广府菜一样受中原饮食文化的影响而得以提高。盛唐时代，被贬至潮州任刺史的韩愈，就曾写过《初南食贻元十八协律》一诗，是古代介绍潮汕饮食特殊风味的代表作。诗里记录了潮汕人民食鲨、蚝、蒲鱼、蛤、章举（章鱼）、马甲柱等数十种海鲜。由此可见，当时的潮汕人已有相当水平的烹饪技艺，不仅能利用当地的海鲜产品烹煮带有自己地方特色的菜肴，还晓得将盐、酱、醋、椒和橙等作为调味佐料。韩愈在传播中原文化的同时，也促进了中原的饮食文化与潮汕当地的饮食文化两相融合，久而久之，形成了独特的南方烹饪流派——潮菜。

　　中国菜素有"色、香、味、形、器"五大要素，唐代以后的宋、

4

元、明历代对潮菜烹调技术和餐具器皿都有记载。曲阜孔府内有清代制造的银质餐具一套，这套餐具打制得精美豪华，是专为清代高级宴会——满汉全席用的，计404件，可上196道菜。其造型仿古，形状逼真，栩栩如生，有象形、鱼形、鸭形、鹿头形、寿桃形、瓜形、枇杷形等。器皿的印鉴清晰可见，分别为潮阳店及汕头的颜和顺老店。这套餐具保存在孔府，但它出自潮汕人之手，在潮汕当地打制，这说明清代潮汕饮食文化水准之高。至清末民初，汕头市作为新兴的通商口岸崛起，国内外商贾云集，市场繁荣，酒楼菜馆林立，名厨辈出，名菜纷呈，潮菜进入了一个飞跃发展的时代。20世纪30年代初，汕头市就有"擎天酒楼""陶芳酒楼""中央酒楼"等颇具规模的高档酒楼。

中华人民共和国成立后，潮菜烹调又有新的发展。特别是改革开放的春风带来了潮汕地区经济的腾飞，沿海城镇居民生活水平有较大的提高。汕头市作为经济特区和华侨众多的侨乡，商务往来、华侨探亲和旅游观光日益频繁，使饮食市场空前繁荣。大中型、多层次的酒店、宾馆、酒家、风味餐馆如雨后春笋般迅猛发展，潮菜进入了鼎盛发展时期。

潮菜的主要烹调技法有炆、炖、煎、炸、炊（蒸）、炒、焗、泡、卤、扣、清、淋、灼、烧、焓、羔烧、蜜浸等十几种，其中炆、炖具有独特风味。炆的主要特色是先用旺火，让气流击穿物料的机体，瓦解其纤维，然后改用慢火收汤，使物料逐渐吸收辅料之精华，融为一体，使之浓香入味，烂而不散；爆炒爽脆香滑，炊（蒸）、清、泡、淋尤为鲜美，保留了食材的原汁原味；卤的风味特殊；等等。因此，潮菜的风味特色是清而不淡、鲜而不腥、素而不斋、肥而不腻。

潮菜用料广博，其特色有"三多一突出"。

其一，水产类品种特别多。在唐代韩愈的诗中，就记录了当时潮汕人喜食的鲨、蚝、蒲鱼、章鱼、马甲柱等水产品，还有数十种是他不认识的，这令他大为惊叹。清嘉庆年间的《潮阳志》记载："邑人所食大半取于海族，鱼、虾、蚌、蛤，其类千状，且蚝生、虾生之类辄为至美。"可见千百年来，这些海产品一直是潮菜的主要用料，因而以烹制海鲜见长是潮菜的一大特色。

其二，素菜多样，依时而变。此处所说的"素菜"是指素菜荤做，用肉类煸、焖而成的菜，上席时见菜不见肉，使其达到"有味使之出，无味使之入"的境地。青蔬软烂不糜，饱含肉味，鲜美可口，令人饱享天然蔬鲜真味，素而不斋。名品有厚菇芥菜、玻璃白菜、护国素菜等数十种，以及近期推出的红萝卜羹、西芹羹、珠瓜羹等绿色食品菜肴，是粤菜系中素菜类的代表。素菜用料则随时令季节而变，所用的青蔬有大芥菜、大白菜、番薯叶、苋菜、西芹、菠菜、通心菜、黄瓜、冬瓜、珠瓜、豆腐、发菜、竹笋等，既体现田园风味，又有潮汕特色。

其三，甜菜品种多。潮汕地区属亚热带气候，历史上是蔗糖的生产区之一。潮汕人民很早以前就掌握了一套制糖的方法，为制作甜菜提供了基本原料。甜菜主要原料包括动物性和植物性两大类。动物性方面，有飞鸟禽兽、海味等；植物性方面，有瓜、果、豆、薯等。甜菜的选料不乏名贵原料，如燕窝、海参、鱼翅骨、鱼脑等，而更普遍、更具地域特色的是取材于本地四季盛产的蔬果和谷类，如南瓜、香瓜、姜薯、芋头、番薯、冬瓜、荸荠（马蹄）、柑橘、豆类、糯米等。在烹调技术的运用上根据原料各自的特点，采用一系列不同的制作工艺，使品种多姿多彩；

此外，猪肥肉、五花肉等荤料也可入菜做成上等名肴，登上大雅之堂。代表品种有金瓜芋泥、太极芋泥、羔烧白果、羔烧姜薯、炖鱼翅骨、绉纱莲蓉等。

最后，突出的是酱碟佐料丰富。潮菜中之酱碟佐料是其他菜系所不及的。酱碟是潮菜烹调的主要助味品，上至筵席菜肴，下至地方风味小食，基本上每道菜都必配以各式各样的酱。在烹调过程中，热处理容易使菜肴的色泽和味道受到影响，此时，可发挥酱料的辅助作用，使菜肴达到色、香、味、形俱佳。潮菜酱碟的搭配比较讲究，什么菜搭配什么酱料，正所谓"物无定味，适口者珍"。如明炉烧响螺，同时搭配梅膏酱和芥末酱；生炊膏蟹必配姜米浙醋；生炊龙虾应配桔油；肉皮冻、蚝烙要配鱼露；卤鹅肉要配蒜泥醋；牛肉丸、猪肉丸要配上红辣椒酱等。酱碟品种繁多，味道有咸、甜、酸、辣、涩、鲜等，色泽有红、黄、绿、白、紫、棕等，真是五光十色。

此外，潮菜筵席也自成一格，例如：大喜席用12道菜，其中包括咸、甜点心各一件。喜席有两道甜菜，一道作头甜，一道押席尾，头道清甜，尾菜浓甜，寓意生活幸福，从头甜到尾，越过越甜蜜；有两道汤（羹）菜，席间穿插上工夫茶，解腻增进食欲。如此种种，潮菜与广府菜、客家菜的风格迥然不同。

"中国潮菜"系列书是将传统潮菜和现今改革、创新菜肴相结合，经整理而写成的，以分册的形式出版。该系列书于1998年10月首次出版，已重印多次。2021年应广东科技出版社的邀约，根据潮菜制作技术的更新、菜肴的创新等重新制作、拍摄、编写了该系列书的第2版，以符合当代读者的需要。第2版"中国潮菜"系列书由《中国潮菜：水产类（第2版）》《中国潮菜：畜禽类（第2版）》

《中国潮菜：果蔬类（第2版）》《中国潮菜：甜菜类（第2版）》共4册组成。

在长期发展过程中，潮菜、广府菜、客家菜构成粤菜的三大流派，互相影响，共同提高。本系列书的出版，不但为粤菜（潮菜）添光增色，而且可作为烹饪技术人员和家庭烹饪爱好者的实用参考书。

本系列书中的菜品在制作、拍摄和编写过程中，得到多位大师和汕头市南粤潮菜餐饮服务职业技能培训学校老师的鼎力配合，他们是钟昭龙、高庭源、陈汉章、陈汉宁、肖伟忠、张进忠、陈进华、肖伟贤、黄光延、吴文洪等，在此表示衷心的感谢！

肖文清

2021年6月

# 目录

1

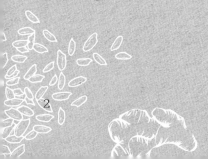

# 豆酱焗鸡

色泽浅黄，保持原汁原味，肉滑鲜嫩，有浓郁的豆酱香，是潮汕名菜之一。

**原料**

| | | | | |
|---|---|---|---|---|
| 肥嫩稚鸡 | 1只（约1 250克） | | | |
| 猪肥肉 | 100克 | 豆　酱 | 40克 |
| 芫　荽 | 25克 | 葱　条 | 10克 |
| 姜　片 | 10克 | 味　精 | 6克 |
| 白　糖 | 5克 | 芝麻酱 | 10克 |
| 绍　酒 | 10克 | 淡二汤 | 200克 |

**制法**

 将鸡宰净晾干，敲断颈骨，斩出膝下的脚，脱出柱骨留用。把猪肥肉切成薄片后，轻划几刀。把豆酱捞出渣压烂，调成酱汁。

2 将味精、芝麻酱、绍酒和酱汁搅匀，涂匀鸡身内外，腌约15分钟，把姜、葱、芫荽头放入鸡腹腔内。

**3** 将砂锅洗净擦干，用竹篾片垫底，铺上猪肥肉片，放入鸡和鸡脚，把淡二汤从锅边淋入（勿淋着鸡身上的酱料），加盖，用湿草纸密封锅盖的四周，放在炭炉或煤气炉上，用旺火烧沸，转用小火焗约20分钟至熟取出（要注意掌握火候，中途不能加水，否则影响质量）。留下原汁150克待用。

**4** 剁下鸡头、颈、翅，然后起肉。把骨砍成段，放入盘中。鸡肉切块，放在骨头上砌成鸡的原形，淋上原汁，两边放上芫荽叶即成。

# 沙茶粉肠结

**原料**
| | | |
|---|---|---|
| 猪粉肠（甜粉） | 1 000克 |
| 生 姜 | 10克 |
| 葱 | 10克 |
| 沙茶酱 | 100克 |
| 芝麻酱 | 20克 |
| 白 糖 | 5克 |

**特点** 沙茶香味浓郁，爽口清脆。

**制法**

 先将粉肠用少许精盐揉搓，再用清水洗净，然后打结，飞水后待用。

② 把已经飞水的粉肠结放入锅内，加入姜、葱和清水熬至熟透，大约30分钟即可。

③ 把熬好的粉肠捞起候凉后再用剪刀在每一个结的中间剪断，形成结粒状待用。

④ 将沙茶酱、芝麻酱、白糖放入鼎中，用少许清水调稀后煮滚，然后放入粉肠结搅拌均匀，上碟即成。

# 糯米酥鸡

**原料**

不开腹光鸡　1只（约1000克）

| | | | |
|---|---|---|---|
| 糯　米 | 150克 | 鸡　腱 | 100克 |
| 鸡　肉 | 50克 | 湿香菇 | 10克 |
| 湿莲子 | 30克 | 火腿粒 | 5克 |
| 虾　米 | 10克 | 精　盐 | 5克 |
| 味　精 | 5克 | 胡椒粉 | 0.5克 |
| 生　油 | 250克 | 麻　油 | 50克 |
| 甜　酱 | 2碟 | | |

**特点**　表皮金黄带脆，味道香醇带嫩。

**制法**

1　先将光鸡脱骨（即采用内脱骨的方法），在脱骨过程要注意，刀口处不能太宽或太长，一般刀口要在5厘米左右才不会影响质量。内外用清水洗净待用。

2　将糯米浸洗捞干放入蒸笼炊熟晾干，同时把莲子也放入蒸笼炊熟待用。再把鸡肉、鸡腱、湿香菇分别切成丁状，鸡肉丁及鸡腱丁加入调味料，虾米洗净切碎待用。鼎烧热放入少量生油，把香菇、湿莲子、火腿粒、虾米炒香，然后把鸡肉、鸡腱炒熟，再将糯米饭倒入鼎内调入味精、精盐、胡椒粉、麻油搅均匀成糯米鸡料，再将糯米鸡料装进脱骨鸡的鸡腹内，用竹签缝密鸡腹，然后盛在盘里放入蒸笼炊约40分钟取出，用手压平待用。

3　将鼎烧热，倒入生油，候油热时把鸡的表面上抹上酱油粉水，放入油内炸至金黄色捞起，用刀切半，再切成2厘米×4厘米的块状，摆进盘里（摆上头尾）。淋上胡椒油即成（上席时配上甜酱2碟）。

# 玻璃酥鸡

**原料**

| | | | |
|---|---|---|---|
| 鸡　肉 | 300克 | 韭黄粒 | 15克 |
| 白肉粒 | 15克 | 荸荠粒 | 15克 |
| 面　粉 | 75克 | 鸡蛋白 | 2个 |
| 味　精 | 5克 | 火腿末 | 5克 |
| 绍　酒 | 5克 | 精　盐 | 5克 |
| 胡椒粉 | 0.2克 | 生　油 | 1 000克（耗150克） |

色泽金黄，皮酥香脆，肉鲜嫩滑。

**制法**

1 将鸡肉用刀片薄，先用绍酒腌过后披在盘中待用。

2 将韭黄粒、白肉粒、荸荠粒、火腿末、面粉、鸡蛋白、味精、精盐、胡椒粉盛在碗中，用筷子搅匀后酿在鸡肉上面，用手压平（厚度要均匀）。

3 将油鼎里的生油烧热，把鸡肉放入油鼎中炸至金黄色（要注意炸熟），捞起切成3厘米块状，用薄生粉勾芡放入盘底（玻璃芡），再将鸡肉放上即成。

# 古法炆鸭笋

**原料**

| | | | | |
|---|---|---|---|---|
| 光鸭肉 | 400克 | | | |
| 笋 肉 | 200克 | 蒜 末 | 10克 |
| 精 盐 | 5克 | 味 精 | 3克 |
| 胡椒粉 | 1克 | 麻 油 | 2克 |
| 辣椒酱 | 15克 | 芝麻酱 | 10克 |
| 白 糖 | 5克 | 上 汤 | 500克 |
| 生 粉 | 20克 | | | |
| 生 油 | 750克（耗100克） | | | |

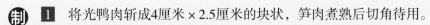

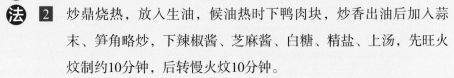

特点

口味浓香、
肉质鲜嫩。

**制
法**

1. 将光鸭肉斩成4厘米×2.5厘米的块状，笋肉煮熟后切角待用。

2. 炒鼎烧热，放入生油，候油热时下鸭肉块，炒香出油后加入蒜末、笋角略炒，下辣椒酱、芝麻酱、白糖、精盐、上汤，先旺火炆制约10分钟，后转慢火炆10分钟。

3. 下味精、胡椒粉、麻油，用生粉勾芡后下包尾油出鼎装盘即成。

# 焗鸭掌包

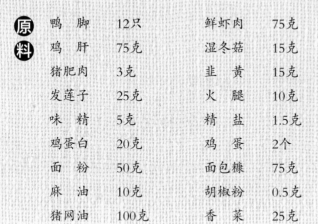

**原料**

| | | | | | |
|---|---|---|---|---|---|
| 鸭　脚 | 12只 | | 鲜虾肉 | 75克 |
| 鸡　肝 | 75克 | | 湿冬菇 | 15克 |
| 猪肥肉 | 3克 | | 韭　黄 | 15克 |
| 发莲子 | 25克 | | 火　腿 | 10克 |
| 味　精 | 5克 | | 精　盐 | 1.5克 |
| 鸡蛋白 | 20克 | | 鸡　蛋 | 2个 |
| 面　粉 | 50克 | | 面包糠 | 75克 |
| 麻　油 | 10克 | | 胡椒粉 | 0.5克 |
| 猪网油 | 100克 | | 香　菜 | 25克 |
| 喼　汁 | 2碟 | | 酸黄瓜 | 100克 |
| 生　油 | 750克（耗50克） | | | |

**特点**

皮脆肉甘香，造型美观。

**制法**

1. 先将鸭脚擦洗干净，下水滚熟，捞起过冷水，折去细骨待用。

2. 将鲜虾肉、鸡肝、湿冬菇、韭黄、猪肥肉、发莲子、火腿分别剁成小粒，用碗盛起，加入味精、精盐、鸡蛋白、胡椒粉、麻油搅匀，分成12份。

3. 猪网油用清水漂洗干净，然后放在砧板上摊开，放上馅料、鸭掌包起（即鸭掌在馅料中间）。猪网油只包鸭掌，不包脚骨。

4. 将2个鸡蛋打成蛋浆，盛在碗里，然后把每只包好的鸭掌过一层薄面粉后，再将鸭掌蘸上鸡蛋液，酿上面包糠。在制作过程中，鸭掌的脚骨要保持洁白，整齐。

5. 将鼎烧热，放入生油，候油温至180℃时把油鼎端离炉火，将鸭掌逐只放入油鼎内浸炸，边炸边用铲转动鸭掌包，然后把油鼎端回炉上，炸约3分钟即捞起，摆在碟内，伴着香菜和酸黄瓜或酸萝卜，跟上喼汁2碟上席。

酥香润脆，
酸甜可口。

# 炸八卦鸡

**原料**

| 猪　油 | 1 000克（耗100克） | | |
|---|---|---|---|
| 光　鸡 | 2只（每只约750克） | | |
| 白　糖 | 100克 | 猪肥肉 | 50克 |
| 荸　荠 | 100克 | 黄　瓜 | 100克 |
| 鸡　蛋 | 2个 | 白　醋 | 25克 |
| 精　盐 | 4克 | 面包糠 | 50克 |
| 姜 | 5克 | 葱　粒 | 5克 |
| 绍　酒 | 10克 | 麻　油 | 2克 |
| 湿生粉 | 少许 | | |

**制法**

1. 将鸡开腹去内脏，洗净用刀拆成12腿（每只前2腿、后4腿），再修成圆形4厘米宽，顺骨脱肉待用。

2. 鸡肉经过姜、葱、绍酒、麻油、白糖、味精、精盐腌制10分钟，然后蘸上面粉，粘上蛋液，撒上面包糠，油下鼎候油温至160℃时下鼎炸浸至熟即成。

3. 把荸荠、猪肥肉、姜、葱粒下鼎炒熟，用猪油、白醋、白糖、麻油、湿生粉搅成稀糊为甜酱料，盛入碟中作为佐料，一起上席。

# 炸金钱鸭

原料

| | | | |
|---|---|---|---|
| 光　鸭 | 1只（约1 000克） | | |
| 糯　米 | 100克 | 虾　米 | 10克 |
| 方鱼末 | 10克 | 腐　皮 | 2张 |
| 味　精 | 5克 | 白　糖 | 10克 |
| 胡椒粉 | 5克 | 肥　肉 | 100克 |
| 熟莲子 | 50克 | 肫　丁 | 50克 |
| 姜 | 2片 | 葱 | 2条 |
| 精　盐 | 5克 | 绍　酒 | 5克 |
| 鸭　蛋 | 1个 | 甜　酱 | 2碟 |
| 咸　草 | 适量 | 生　油 | 1 000克（耗150克） |

**特点**　酥脆香醇，口感软滑。

**制法**

1. 将鸭开腹取出内脏，洗净晾干，用刀起出鸭肉，片成薄片，肥肉切成片，同盛入碗里，放入姜、葱、绍酒、白糖、味精、精盐，经腌制后加入鸭蛋白（蛋黄不要）调和待用。

2. 把糯米洗净，用清水浸1小时后，捞起放入蒸笼炊熟。其余原料切粒和胡椒粉、味精、精盐炒香，与糯米饭一起拌匀成馅。

3. 将腐皮用湿布两面擦过使其变软，放于砧板上，再把鸭肉、肥肉一片一片披上，糯米馅放在中间，然后卷成长圆条，用咸草扎紧放入蒸笼炊熟取出，解去咸草。

4. 烧热炒鼎，下油烧热，把金钱鸭炸至金棕色捞起，用刀切成4厘米长方厚块砌于餐盘中，淋上胡椒油（彩盘）配上甜酱2碟。

# 玻璃酥鸭

**原料**

| 嫩光鸭 | 1只（约1 000克） | | |
|---|---|---|---|
| 火腿末 | 10克 | 葱　头 | 12个 |
| 面　粉 | 200克 | 鸡　蛋 | 2个 |
| 丁　香 | 2.5克 | 八　角 | 5克 |
| 桂　皮 | 10克 | 川椒末 | 2.5克 |
| 葱、姜 | 各25克 | 酱　油 | 10克 |
| 味　精 | 5克 | 绍　酒 | 50克 |
| 精　盐 | 5克 | 湿生粉 | 35克 |
| 五香粉 | 3克 | 上　汤 | 150克 |
| 花生油 | 1 500克（耗100克） | | |

**特点**

味鲜酥香，肉带湿嫩。

 将光鸭剖腹去内脏，斩去头、脚、翅，洗净后放在盘内，加上丁香、八角、桂皮、川椒末、葱、姜、酱油、绍酒、精盐，然后上蒸笼炊至熟取出，待其冷却后，拆净骨头待用。

2 面粉放入碗内，加上鸡蛋、冷水调成粉糊，再加入五香粉拌匀，炒鼎倾入花生油，待油烧至七成热时，将鸭肉放入蛋粉浆内蘸一蘸，下油鼎炸至皮酥呈金黄色时取出，切成3厘米×3.5厘米的小块待用。

3 将上汤倾入鼎内，加入味精、精盐，用湿生粉打薄芡，淋在盘内。

4 将切好的鸭肉块砌上，然后撒上葱头、火腿末即成。

# 芋茸酥鸭

**原料**

| | | | |
|---|---|---|---|
| 卤熟鸭肉 | 300克 | | |
| 净芋头 | 200克 | 叉烧肉 | 50克 |
| 芹 菜 | 10克 | 精 盐 | 3克 |
| 味 精 | 3克 | 澄 面 | 50克 |
| 猪 油 | 75克 | 胡椒粉 | 0.1克 |
| 五香粉 | 0.1克 | 麻 油 | 0.2克 |
| 生 粉 | 25克 | 生 油 | 750克（耗150克） |

**特点** 外表松脆，内嫩香醇。

**制法**

**1** 先将卤熟鸭肉用刀片一大片，规格约18厘米×12厘米，同时在鸭肉没有皮的一面用刀划几刀，然后拍上少许生粉待用，叉烧肉切成小粒，芹菜切成芹菜末，待用。

**2** 将芋头洗净切片，放入蒸笼炊熟，趁热用刀压烂（不能有粒状），压成芋茸，待用，再将澄面盛入碗内，用70克滚水冲入，用筷子搅匀，然后用手搓成柔软面团加入芋茸中，再把精盐、味精、胡椒粉、麻油、五香粉掺入，一起搓至均匀，再把猪油、叉烧肉、芹菜末、麻油加入搓均匀，然后铺在鸭肉上面，压平，压均匀。

**3** 将鼎洗净烧热，加入生油。候油温至200℃时，将芋鸭平放在铁线筛上，吊放入鼎炸至金黄色，表面松脆，即成芋茸鸭。再将香菜放在盘底，把芋茸鸭切成12块，放在香菜上面即成。

色泽深红，酸甜适口，肥而不腻，软烂香滑。

# 梅膏焗猪脚

| 原料 | | | | |
|---|---|---|---|---|
| 猪前脚 | 750克 | 酱　油 | 40克 |
| 白　糖 | 150克 | 白　醋 | 40克 |
| 梅　膏 | 100克 | 葱　珠 | 10克 |
| 雪　粉 | 15克 | 清　水 | 500克 |
| 生　油 | 1 000克（耗50克） | | |

色油、绍酒　各适量

 **制法**

1. 将猪前脚处理干净，骨斩断肉相连，盛在碗里。加入少量的色油、绍酒、酱油拌匀，上雪粉待用。

2. 炒鼎洗净烧热，下生油待油温至180~200℃，投入已腌制的猪脚，炸至呈大红色捞起。

3. 砂锅洗净，下竹篾片垫底，将炸制好的猪脚投入，加白糖、梅膏、清水，先旺火后转慢火焗至猪脚软烂，再加入葱珠、白醋，用适量粉汁勾芡，盛入餐盘即成。

# 炸旗斗鸭

**原料**

| 光　鸭 | 1只（约1 250克） | | |
|---|---|---|---|
| 香　菇 | 12个（中等大小） | | |
| 面　粉 | 100克 | 鸡　蛋 | 3个 |
| 二　汤 | 200克 | 姜、葱 | 各10克 |
| 绍　酒 | 5克 | 味　精 | 7克 |
| 精　盐 | 5克 | 胡椒粉 | 2克 |
| 麻　油 | 2克 | 猪　油 | 1 000克（耗100克） |

**特点** 色泽鲜艳，香醇嫩滑。

**制法**

1. 将鸭起肉，去掉鸭壳，取鸭骨（连骨臼约6厘米长）12支，把鸭肉切成12块，用花刀将肉中间戳孔，然后修成圆形，加入姜、葱、绍酒等味料腌制约10分钟待用。

2. 将鸭肉串入鸭骨（鸭皮向上），先在面粉上滚过，捏成圆形，再把香菇中间戳孔串入鸭骨，盖在鸭肉上面，蘸上蛋液。

3. 烧鼎下猪油，候油到六成热时，将串好的鸭肉逐一下鼎炸至金黄色捞起，然后放入鼎（下面要垫箆品），倒入二汤炆10分钟，先猛火后慢火至烂，后逐件砌进餐盘，将原汁和入味精、精盐、麻油、胡椒粉勾薄芡淋上。

特点
肉质酥香，
其味甚佳。

# 炸芙蓉肉

**原料**

| 猪瘦肉 | 250克 | 自发粉 | 100克 |
| 精 盐 | 5克 | 生 油 | 750克（耗100克） |
| 葱 | 10克 | 酒 | 5克 |
| 川椒末 | 2克 | 味 精 | 5克 |
| 清 水 | 150克 | 鸭 蛋 | 2个 |
| 甜 酱 | 2碟 | 酸甜红萝卜 | 100克 |

 **制法**

1. 将猪瘦肉用刀片薄，先花刀后切成菱形，腌上精盐、味精、酒、葱、川椒末待用。

2. 把鸭蛋磕开用碗盛起，掺入自发粉和清水用竹筷拌匀成浆，然后再加入生油25克，再搅均匀成脆皮浆。

3. 炒鼎上火，放入生油，候油温至180℃时将腌好的猪瘦肉逐片沾上脆皮浆下油鼎炸至金黄酥脆，捞起盛在盘中，盘边拼酸甜红萝卜即成。上菜时配上甜酱2碟。

# 佛手排骨

**原料**

| | | | | | |
|---|---|---|---|---|---|
| 排 骨 | 400克 | | 猪瘦肉 | 300克 |
| 虾 肉 | 50克 | | 鸭 蛋 | 2个 |
| 猪肥肉 | 25克 | | 生 葱 | 50克 |
| 荸 荠 | 50克 | | 方 鱼 | 15克 |
| 精 盐 | 10克 | | 麻 油 | 5克 |
| 味 精 | 6克 | | 面 粉 | 100克 |
| 红辣椒 | 5克 | | 川椒末 | 少许 |
| 生 油 | 1 000克（耗100克） |
| 甜 酱 | 2碟 |

**制法**

 先将排骨脱肉，用刀剁成5厘米长，再把脱出来的排骨肉、猪瘦肉及肥肉、虾肉、荸荠、方鱼、生葱、红辣椒放在砧板用刀剁成茸，加入精盐、味精、麻油、川椒末拌匀，用手把肉茸分别镶在排骨枝上捏成20支佛手状，沾上面粉用手捏紧。

2 把鸭蛋磕开，打成蛋液，然后把佛手状的排骨一枝一枝用鸭蛋液蘸过，再放入油鼎中用慢火浸炸至熟透即成，配甜酱2碟上席。

# 干炸肝花

**原料**
| | | | | |
|---|---|---|---|---|
| 猪　　肝 | 500克 | 猪白膘肉 | 150克 |
| 猪网油 | 200克 | 腐　　皮 | 1张 |
| 川椒末 | 1克 | 芫　　荽 | 15克 |
| 绍　　酒 | 3克 | 味　　精 | 5克 |
| 姜　　片 | 4片 | 葱　　段 | 15克 |
| 甜　　酱 | 2小碟 | 生　　粉 | 25克 |
| 酱　　油 | 1克 | 生　　油 | 1 000克（耗100克） |
| 精　　盐 | 5克 | | |

**特点** 酥香带脆，肥而不腻。

**制法**

1 将猪肝、猪白膘肉均切成片，放在碗内，加入绍酒、味精、精盐、葱段、姜片一起拌和，腌10分钟后再用清水洗干净捞出，挤干水分，放在碗内，加入川椒末、绍酒、酱油、味精、精盐、生粉拌和待用。

2 将腐皮用湿水布擦过，回软后摊在砧板上，将拌和的猪肝放上（白膘肉放在猪肝上面），再放上葱，卷成直径约3厘米粗的圆卷，再包上洗净的猪网油，放入已抹油的竹筛，上蒸笼用慢火炊10分钟取出，用竹针在上面戳些小孔，再上蒸笼炊20分钟取出。

3 烧热炒鼎放入生油，待油温达七成热时，把猪肝卷上薄粉下油鼎炸至金黄色时取出，切件摆在盘内便成。上席时跟上2碟甜酱。

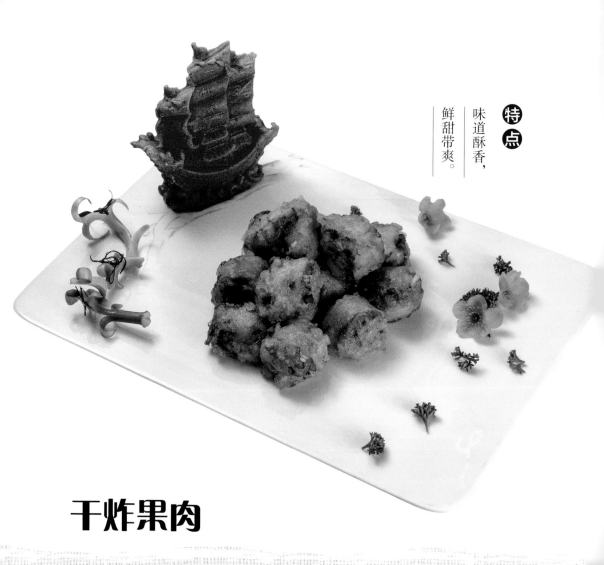

# 干炸果肉

| 原料 | | | | | |
|---|---|---|---|---|---|
| 猪前胸肉 | 400克 | | 猪网油 | 200克 | |
| 芒光或荸荠 | 200克 | | 生油 | 1 000克（耗100克） | |
| 麻油 | 15克 | | 精盐 | 15克 | |
| 鸭蛋 | 1个 | | 熟麻仁 | 10克 | |
| 生葱 | 200克 | | 糖瓜碧 | 25克 | |
| 五香粉 | 15克 | | 白糖 | 15克 | |
| 生粉 | 150克 | | 面粉 | 50克 | |
| 绍酒 | 5克 | | 清水 | 150克 | |

**制法**

1. 先把猪前胸肉、芒光、生葱、糖瓜碧用刀分别切成细丝条状沥干，加入鸭蛋、白糖、精盐、麻油、五香粉、熟麻仁、绍酒和生粉50克一起拌成馅料。

2. 将猪网油漂洗干净劈开，放入拌好的肉料卷成长圆条形状，然后放入冷柜冻30分钟，用刀切成3厘米左右长的果肉块，将果肉块的两头蘸上生粉待用，再将面粉和剩余的生粉用清水调成稀浆待用。

3. 炒鼎上炉，放入生油烧热，然后将果肉块酿上稀浆放入鼎中用热油炸至金黄色熟透即成。

# 酸甜咕噜肉

**原料**

| | | | | |
|---|---|---|---|---|
| 猪瘦肉 | 300克 | 生　粉 | 100克 |
| 白　糖 | 150克 | 绍　酒 | 5克 |
| 鸡　蛋 | 1个 | 白　醋 | 25克 |
| 荸　荠 | 50克 | 葱 | 2条 |
| 红辣椒 | 5克 | 姜　米 | 5克 |
| 酱　油 | 5克 | 清　水 | 10克 |
| 生　油 | 1 500克（耗75克） | | |

**特点**

肉质酥香，汁味酸甜。

**制法**

1. 将猪瘦肉用刀片成薄片，后再用花刀切成菱形块状，盛进碗里，加上少许酱油、清水、鸡蛋液、生粉一起拌匀。红辣椒、荸荠切片，葱切段，待用。

2. 炒鼎上火，将生油烧热，至油温180℃时把猪瘦肉逐片下油鼎炸透，倒入漏勺沥油。

3. 姜米、红辣椒片、荸荠片、葱段放入油鼎炒香，掺入糖醋勾薄生粉芡，再将炸好的肉块倒入鼎里即炒即起。

# 炸珍珠鸡翅

**原料**

| | | | |
|---|---|---|---|
| 鲜鸡翅 | 10个 | 糯 米 | 100克 |
| 莲 子 | 25克 | 火 腿 | 20克 |
| 芹 菜 | 15克 | 精 盐 | 10克 |
| 味 精 | 5克 | 鸡 粉 | 10克 |
| 五香粉 | 0.1克 | 白 糖 | 10克 |
| 青 葱 | 2条 | 生 姜 | 2片 |
| 麻 油 | 3克 | 生 油 | 1 000克（耗100克） |

 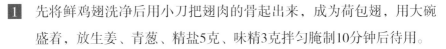

制法

1 先将鲜鸡翅洗净后用小刀把翅肉的骨起出来，成为荷包翅，用大碗盛着，放生姜、青葱、精盐5克、味精3克拌匀腌制10分钟后待用。

2 把糯米加入少量清水，放入蒸笼炊熟，成糯米饭；莲子洗净后煮熟，煮至莲子身有粉状即可待用。再把火腿用油炸过，然后用刀切碎，成火腿小粒；芹菜洗净切成珠状。再把糯米饭盛入大碗，加入火腿、芹菜、莲子、精盐5克、鸡粉、胡椒粉、白糖、麻油、味精2克，一起拌匀待用。

3 将已腌好的鸡翅刀口处张开，分别挤入已调味的糯米饭，然后用棉绳扎紧，放入蒸笼炊10分钟取出，用少量酱油和生粉调和后，涂在表面上待用，把鼎烧热，放入生油，候油温至180℃时，再把鸡翅放入油中炸，炸至呈金黄色即成。上席时跟上桔油佐食。

# 锡箔陈皮骨

**原料**

| 排　骨 | 10条（每条长约7厘米） | | |
|---|---|---|---|
| 陈　皮 | 6克 | 精　盐 | 5克 |
| 味　精 | 3克 | 鸡　粉 | 4克 |
| 白　酒 | 3克 | 麻　油 | 3克 |
| 青　葱 | 1条 | 生　姜 | 1片 |
| 胡椒粉 | 0.1克 | 锡箔纸 | 10小张 |
| 生　油 | 750克（耗100克） | | |

**特点** 味道香醇，肉质嫩爽。

**制法**

**1** 先将陈皮用水浸软，用刀剁碎待用。排骨装在大碗，把已剁碎的陈皮连水倒入盛排骨的碗内，再放入精盐、味精，先用手搅拌均匀，再加入白酒、鸡粉、青葱、胡椒粉、生姜片，搅拌均匀，腌制30分钟（也可放入冷柜保鲜）待用。

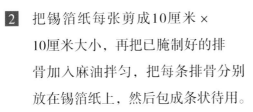

**2** 把锡箔纸每张剪成10厘米×10厘米大小，再把已腌制好的排骨加入麻油拌匀，把每条排骨分别放在锡箔纸上，然后包成条状待用。

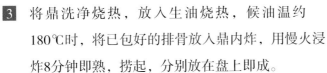

**3** 将鼎洗净烧热，放入生油烧热，候油温约180℃时，将已包好的排骨放入鼎内炸，用慢火浸炸8分钟即熟，捞起，分别放在盘上即成。

# 明炉鸡卷

**特点** 色泽金黄，香脆可口。

 **制法**

1. 将鸡胸肉、猪肥肉、湿香菇、熟冬笋、火腿均切成丝盛在碗里，加入葱末、川椒末、味精、绍酒、精盐和2个鸡蛋白拌匀，剩下1个鸡蛋白和湿生粉拌匀调成蛋浆待用。

2. 把猪网油洗净修齐摊在砧板上，将拌好的鸡丝铺在猪网油上，卷成长筒形，卷口涂上蛋粉浆。

3. 将鸡卷叉上，放入明炉用文火烤40分钟，烤至金黄色即熟，切块装盘，盘边围上番茄片、芫荽叶即成。食时跟上芥末酱、甜酱各2小碟。

# 潮式烧鹅

**原料**

| 宰净肥鹅 | 1只（约2000克） | | |
|---|---|---|---|
| 桂 皮 | 5克 | 川 椒 | 3克 |
| 八 角 | 5克 | 甘 草 | 5克 |
| 南 姜 | 50克 | 芫 荽 | 25克 |
| 酸甜菜 | 150克 | 胡椒油 | 25克 |
| 精 盐 | 50克 | 深色酱油 | 250克 |
| 白 糖 | 50克 | 绍 酒 | 50克 |
| 湿生粉 | 50克 | 生 油 | 1500克（耗100克） |
| 甜酱或梅膏酱 | 2碟 | | |

**制法**

① 先将桂皮、八角、川椒、甘草用小布包放好，扎口后放入瓦盆，加清水（3 000克）和酱油、精盐、白糖、绍酒，用中火煮滚后，放入肥鹅，转用慢火滚约10分钟。倒出鹅腔内的汤水，再放入盆中，边滚边转动，约30分钟至熟（用筷子插入胸肉无血水流出即熟）。取出晾凉后，片下两边鹅肉，脱出周边的骨，把鹅骨剁成方块。用湿生粉20克拌匀，另用湿生粉30克涂匀鹅肉及皮的内部，待用。

② 用中火烧热炒鼎，下生油，候油温至180℃时，先放入鹅骨炸，后放入鹅肉炸（皮要向上），约3分钟后离火浸炸，边炸边翻动，炸约7分钟再端回炉上。继续炸至骨硬，皮脆，呈金黄色时捞起，把油倒回油盆。将鹅骨放入盘中，鹅肉用斜刀切成6厘米×4厘米的块片盖在骨上面，用酸甜菜和芫荽叶拌边。将胡椒油淋在上面，以潮汕甜酱或梅膏酱佐食。

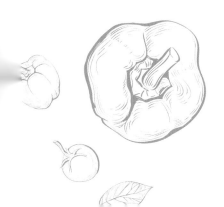

# 酿百花鸡

**原料**

| | | | |
|---|---|---|---|
| 嫩鸡 | 1只（约1 250克） | | |
| 鲜虾肉 | 300克 | 鸡蛋白 | 1个 |
| 猪肥肉 | 50克 | 白猪油 | 50克 |
| 火腿末 | 25克 | 芹菜末 | 25克 |
| 精盐 | 7.5克 | 荸荠 | 25克 |
| 上汤 | 25克 | 湿生粉 | 10克 |
| 胡椒粉 | 0.5克 | | |

**特点**

味道鲜香爽滑，造型美观，类似花圃，故名『百花鸡』。

1. 把活鸡宰后，去毛，取出内脏，洗净，用刀剁去鸡翅、脚，拆出全部鸡肉（拆成整只），把近皮部分的肉连皮片开，整片用刀密剁几下（不要切断），腌上味精2.5克、精盐1.5克调味，然后披在盘里（鸡皮向底）待用。

2. 将鲜虾肉用刀拍烂，剁成虾胶，将荸荠切粒加入，再把鸡胸肉剁成鸡茸，和虾胶一起，加入味精5克、精盐3.5克，鸡蛋白1个，拿筷子用力搅拌，打至成胶，再把猪肥肉切成小粒掺入，拌匀后盖在鸡肉上面，做成圆形或方形，用刀压平，并把芹菜末、火腿末放在上面，分布两边，然后放入蒸笼用旺火炊约10分钟即熟。长方形的取出用刀切成3.5厘米×2.5厘米的块，圆形的用刀切成12件，然后不同色泽间隔排列，放入盘中，摆成形。同时，用辣椒花等放在周围拼成彩盘。

3. 将上汤下炒鼎，加入味精2.5克、精盐1克、胡椒粉0.5克，用湿生粉10克勾芡加入白猪油50克拌匀，淋在鸡肉块上面即成。

# 炊珍珠鸡

**原料**

| | | | |
|---|---|---|---|
| 鸡胸肉 | 200克 | 鲜虾肉 | 150克 |
| 火腿末 | 5克 | 荸荠丁 | 25克 |
| 糯 米 | 100克 | 精 盐 | 2.5克 |
| 味 精 | 2.5克 | 胡椒粉 | 0.5克 |
| 麻 油 | 1克 | 湿生粉 | 5克 |
| 上 汤 | 100克 | 芫 荽 | 少许 |

**制法**

1. 将虾肉去掉虾肠，洗净，用洁白布吸干水分，用刀拍成虾胶待用。

2. 将糯米洗净用清水浸2小时后沥干，把鸡胸肉剁成茸，用碗盛起，加入虾胶、精盐、味精、火腿末、荸荠丁搅匀制成鸡茸虾胶馅。

3. 将鸡茸虾胶馅捏成丸24粒，逐粒粘上糯米摆入盘中，放入蒸笼炊10分钟至熟时取出。

4. 炒鼎烧热放入上汤，加入精盐、味精、胡椒粉、麻油，用湿生粉勾薄芡淋上，盘放上芫荽便成。

# 炊石榴鸡

**原料**

| | | | | |
|---|---|---|---|---|
| 嫩鸡胸肉 | 200克 | | 湿冬菇 | 50克 |
| 火　腿 | 50克 | | 虾　肉 | 50克 |
| 熟笋肉 | 750克 | | 生　粉 | 5克 |
| 鸡蛋白 | 6个 | | 芹　菜 | 25克 |
| 味　精 | 4克 | | 精　盐 | 5克 |
| 胡椒粉 | 0.5克 | | 麻　油 | 0.5克 |
| 上　汤 | 100克 | | 湿生粉 | 10克 |
| 蟹　黄 | 50克 | | | |

**特点**

造型鲜艳美观，味道鲜美嫩香。

 **制法**

**1** 将嫩鸡胸肉、虾肉、火腿、熟笋肉、湿冬菇都切成小粒。鸡肉粒和虾肉粒放在同一碗内，加入精盐、味精、湿生粉拌和，先将香菇炒香，再将鸡肉、虾肉炒熟，然后加入笋肉、火腿粒拌匀，再加入麻油拌好便成石榴鸡馅。

**2** 将4个鸡蛋白，盛在碗中，用筷子搅均匀，加入生粉，搅均匀，再把鸡蛋白浆分别放入平面不粘鼎内，煎成直径8厘米的圆形片状的石榴鸡皮待用。把芹菜去掉根叶，洗净，在滚水里焯一下捞起，漂过凉水，撕成丝条当绳用。

**3** 将石榴皮摊开，把石榴鸡馅分别放在皮中间，然后把四周收起包拢，用芹菜条逐个扎紧，然后用剪刀把皮的多余部分剪好，成石榴形状，再在石榴嘴口上点缀上蟹黄，盛入盘中，放入蒸笼炊5分钟取出，再把上汤放入鼎中煮沸，加入精盐、味精、胡椒粉、麻油，用湿生粉勾芡汁淋上即成。

特点

味道可口，形色美观。

# 炊莲花鸡（又名面包鸡）

原料

| 鸡 肉 | 400克 | 北 葱 | 200克 |
|---|---|---|---|
| 面 粉 | 350克 | 味 精 | 10克 |
| 精 盐 | 5克 | 生 粉 | 25克 |
| 湿香菇 | 5克 | 番 茄 | 300克 |
| 白 糖 | 5克 | 茄 汁 | 75克 |
| 姜 米 | 5克 | 绍 酒 | 2克 |
| 生 油 | 1 000克（耗150克） | | |

**制法**

1　先将鸡肉片开，用刀划成花刀，然后切成2厘米×4厘米的方块球状，然后加入味精、精盐、生粉各3克，绍酒拌过。再将鼎烧热放入生油，待油热时放入鸡肉炸过捞起待用。

2　把北葱洗干净，用刀切成2厘米长的片形，放入热油中炸过后，连同鸡肉、湿香菇、姜米一起下鼎炆10分钟，加入白糖、茄汁、番茄调味并用生粉勾芡用碗装起。

3　把面粉350克用滚水100克冲过，拌匀后搓成条，用刀切成4块（1块重约150克，另外3块各重100克），然后把第一块面皮压成直径约25厘米的圆形块放在碗中（碗底应先抹上生油），用刀尖划成三条交叉线。再取两块面皮分别压薄，将其中一块抹上生油，再把另一块叠在一起压，用木槌碾压成直径约16厘米的圆形块，下鼎扫上薄油，用慢火煎至两面略赤时取出，用刀分别切成8块三角形，摆进碗里，间接砌叠在第一块面皮上面。再把炆好的鸡肉、北葱、番茄放上，然后把第四块面皮压成直径18厘米的圆形块盖上，用手把面粉皮的边缘卷成索形（绳索的形状）边（即是锁边）。

4　将做好的莲花鸡放入蒸笼炊10分钟，取出翻过至另一个盘，把面皮中间的划纹翻开即成。

# 炊米麸肉

**原料**

| | | | | |
|---|---|---|---|---|
| 猪肚肉 | 400克 | 糙米 | 100克 |
| 荷叶 | 2大张 | 八角 | 3克 |
| 桂皮 | 3克 | 绍酒 | 5克 |
| 丁香 | 3克 | 腐乳汁 | 10克 |
| 白糖 | 5克 | 麻油 | 2克 |
| 浙醋 | 2碟 | | |

**制法**

1 将猪肚肉切成16块，荷叶用滚水烫软捞起漂凉，也剪成16块待用。

2 把糙米、丁香、八角、桂皮投入炒鼎炒酥，取出研碎成粉过筛。再把已切好的猪肚肉用绍酒、腐乳汁、白糖、麻油腌过。

3 把荷叶块披在砧板上，将腌过的肉块蘸些米粉，一块块放在荷叶上面包成方块状放在盘里，然后入蒸笼炊约1小时熟透，取出后砌入餐盘中即成，跟浙醋2碟上席。

# 芙蓉乳鸽

**原料**

| | | | | |
|---|---|---|---|---|
| 乳　鸽 | 2只 | 鸡腿肉 | 250克 |
| 鸡蛋白 | 2个 | 芹菜末 | 15克 |
| 精　盐 | 5克 | 味　精 | 5克 |
| 麻　油 | 1克 | 胡椒粉 | 0.5克 |
| 生　粉 | 5克 | | |

**特点** 色泽一青一红，味道醇香嫩滑。

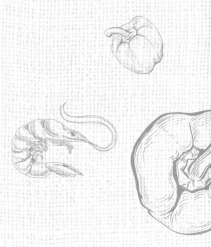

**制法**

1 将乳鸽去净毛，开膛取出内脏洗净，放在砧板上，拆去全部骨头，把腿肉、胸肉片薄，使用花刀法做细横直花纹，披在盘里待用。

2 将鸡腿肉剁成鸡茸和入鸡蛋白及调味料，再用竹筷搅匀，酿在鸽身上，压平后，一只撒上火腿末，另一只撒上芹菜末，然后放入蒸笼炊约20分钟取出，切件砌在盘里，用原汤和生粉勾芡淋上即成（要彩盘）。

特 点

形似如意，
鲜香嫩滑。

# 云腿如意鸡

| 原料 | | | | |
|---|---|---|---|---|
| 光　鸡 | 1只（约900克） | | | |
| 火　腿 | 50克 | 芹　菜 | 100克 |
| 猪肥肉 | 40克 | 湿冬菇 | 75克 |
| 笋　花 | 25克 | 味　精 | 10克 |
| 精　盐 | 5克 | 绍　酒 | 10克 |
| 上　汤 | 400克 | 生　姜 | 2片 |
| 青　葱 | 1条 | 麻　油 | 5克 |
| 生粉水 | 25克 | 生　油 | 1 000克（耗50克） |

**制法**

1　将鸡肉起成两大块肉，然后再用刀均匀片开，成两大片鸡肉。把肉用大碗盛着。加入生姜片、青葱、绍酒、精盐2克拌匀腌制5分钟。

2　将猪肥肉和火腿25克分别切成3厘米粗条，再把鸡肉放在砧板上摊开，两边分别放火腿和芹菜枝，肥肉条放在两边对卷至中间，在中间的上下各放着1根筷子，用水草分段扎实，上蒸笼炊约10分钟取出，去掉筷子。另将鼎洗净、烧热，放入生油，油烧热时把鸡卷放入鼎略炸一下，倒回笊篱。顺鼎把冬菇略炒后加入上汤，投鸡卷、精盐3克，一起炆约4分钟。把鸡卷捞起，待凉后解掉水草，切成件排放在盘内，冬菇伴边。上席时在鸡卷上面多盖一个盘略蒸一下，取出，把25克火腿切成片，用火腿片、笋花片摆在盘边。将原汁倒入鼎内加入味精5克，用生粉水勾芡，再加入麻油，用生油包尾油，搅匀淋在鸡卷面上即成。

> 注：上席前，再上蒸笼炊，一定要加盘盖上，火不能太猛，时间不能长，以免使鸡肉收缩变形，影响质感。

特(点

味道浓香，
肉鲜嫩滑。

# 炆栗子鸡

| 原料 | 毛　鸡 | 1只（约125克） | | |
|---|---|---|---|---|
| | 栗子肉 | 200克 | 湿香菇 | 15克 |
| | 绍　酒 | 10克 | 味　精 | 5克 |
| | 蚝　油 | 15克 | 精　盐 | 5克 |
| | 葱　段 | 10克 | 二　汤 | 400克 |
| | 生　粉 | 20克 | 胡椒粉 | 0.2克 |
| | 麻　油 | 2克 | 生　油 | 750克（耗100克） |

**制法**

1 将毛鸡宰杀后，用热水烫透脱毛，剖腹，取出内脏洗净，斩去头、脚、翅尖，鸡身斩件，斩成4厘米×2.5厘米的块状，加入精盐3克，味精3克，拌匀，再加入生粉待用。

2 先将栗子肉煮熟，脱掉外膜待用，再将炒鼎炒热，放入生油，把栗子炸过捞起，再将鸡肉和香菇用油炸过捞起，将鼎中的生油倒出。然后把鸡肉倒入鼎中，洒入绍酒，稍炒几下，加入二汤、栗子、香菇、精盐、味精、胡椒粉、蚝油，盖上鼎用中火炆8分钟后，再加入葱段、麻油搅匀即成。

# 炆三仙鸽蛋

| 原料 | | | | | |
|---|---|---|---|---|---|
| 鸽 蛋 | 10个 | | 鸭 翅 | 10只 |
| 湿香菇 | 25克 | | 火 腿 | 25克 |
| 酱 油 | 5克 | | 味 精 | 5克 |
| 精 盐 | 5克 | | 胡椒粉 | 0.2克 |
| 麻 油 | 2克 | | 猪 油 | 15克 |
| 上 汤 | 400克 | | 生 油 | 500克 |
| 生粉水 | 10克 | | | |

色泽鲜艳，
鲜香细腻。

 制法

1. 将鸽蛋用清水放入少量精盐（在煮蛋时放入精盐使蛋易于脱壳）煮熟后，用冷水浸凉，剥去蛋壳逐只抹上酱油上色待用。

2. 把鸭翅洗净后，用清水煮熟，切配取其中段，再把鼎烧热，放入生油，候油温至180℃时把鸽蛋、鸭翅分别下鼎炸至金黄色捞起待用。

3. 将湿香菇、火腿切片放入炒鼎炸香，火腿片捞起，然后放入已炸过的鸭翅，放入上汤、精盐、胡椒粉、味精一起用中慢火炆8分钟。再把鸽蛋、鸭翅、香菇、分别排在盘内，放入蒸笼炊4分钟，取出，将鼎内的汤汁加入生粉水勾芡，加入麻油、猪油淋在鸽蛋、鸭翅、香菇、火腿片上即成。

# 红炆鹅脚

**原料**

| | | | |
|---|---|---|---|
| 鹅　脚 | 8只 | 猪肉皮 | 250克 |
| 湿草菇 | 25克 | 笋　尖 | 50克 |
| 味　精 | 5克 | 蒜 | 1条 |
| 八　角 | 1粒 | 麻　油 | 2克 |
| 酱　油 | 15克 | 生粉水 | 20克 |
| 白　糖 | 10克 | 胡椒粉 | 0.2克 |
| 二　汤 | 50克 | 生　油 | 1 000克（耗100克） |

**制法**

1. 将鹅脚洗干净，每只脚用刀斩成四块，用碗装起，下少许酱油和薄生粉水拌匀待用。

2. 候油鼎油热时将鹅脚下鼎炸至金黄色，再把笋尖起过油，一起捞起，放入鼎里和入二汤、湿草菇、其余调味料，将猪肉皮洗净用滚水焯过，然后盖在鹅脚上面放在炉上（先用旺火后用慢火），炆约1小时（以烂软为准），拣去猪肉皮，盛入餐盘，用生粉水勾薄芡淋上即成。

特点

浓香入味，
郁而不腻。

# 美味卤鹅肝

 原
料　肥鲜鹅肝　6个（约2 500克）

| | | | | |
|---|---|---|---|---|
| 猪板油 | 500克 | 桂　皮 | 5克 |
| 川　椒 | 3克 | 丁　香 | 3克 |
| 八　角 | 5克 | 香　茅 | 5克 |
| 甘　草 | 5克 | 南　姜 | 50克 |
| 芫　荽 | 25克 | 精　盐 | 50克 |
| 冰　糖 | 50克 | 深色酱油 | 250克 |
| 绍　酒 | 30克 | 大　蒜 | 30克 |

**制法**

1　先将猪板油洗净切成小片块，用鼎煎出油，油渣捞掉，板油留待用。再把桂皮、川椒、丁香、八角、香茅用鼎炒香，然后同甘草用洁白纱布袋装着扎紧待用。

2　用不锈钢锅装着2 000克清水，放入已炒好的香料袋，再放入南姜、芫荽、精盐、冰糖、深色酱油、绍酒、大蒜等，然后以中火把卤水煮沸约半小时后，倒入已煎好的猪板油，再将鲜鹅肝洗净晾去水分，放入卤汤内，用慢火浸卤约30分钟至熟，便可捞起。

3　把卤好的鹅肝盛起待冷却，然后切片装盘即成，用餐时跟上蒜茸醋。

注：蒜茸醋是指将蒜拍破，用刀剁成蒜茸，加入白醋。

**特点**

味道香郁，口感粉滑。

# 炆腐皮鸭

| 原料 | | | | | |
|---|---|---|---|---|---|
| 鸭　肉 | 400克 | | 腐　皮 | 2张 | |
| 糯　米 | 100克 | | 虾　米 | 10克 | |
| 香　菇 | 10克 | | 方　鱼 | 10克 | |
| 猪　肉 | 100克 | | 栗　子 | 100克 | |
| 酱　油 | 10克 | | 味　精 | 10克 | |
| 香　油 | 5克 | | 胡椒粉 | 10克 | |
| 绍　酒 | 25克 | | 鸡蛋白 | 1个 | |
| 精　盐 | 5克 | | 猪　油 | 1 000克（耗100克） | |

**制法**

1. 将鸭肉片薄，抹上酱油、绍酒。糯米洗净炊熟，虾米、香菇切碎，方鱼炸后研末，然后把各种配料和糯米饭拌匀做成馅。

2. 鸭肉抹鸡蛋白，披开放在腐皮上面，将糯米馅投在中间，卷成条状，用麻绳扎紧，放到猪油里炸至皮变金黄，再焖30分钟。

3. 将栗子炸过，猪肉切片和酱油、绍酒调后待用。再将炸过的鸭卷切段放在碗里，把准备好的栗子料放在上面，下笼炊后，把碗倒翻在盘里，原汤加入味精、胡椒粉、香油，煮沸后勾糊淋在上面即成。

# 板筋肉鲜笋

**原料**

| | | | |
|---|---|---|---|
| 板筋肉 | 200克 | 鲜 笋 | 300克 |
| 酸 菜 | 50克 | 精 盐 | 5克 |
| 味 精 | 3克 | 生粉水 | 20克 |
| 麻 油 | 1克 | 生 油 | 100克 |
| 红辣椒 | 5克 | 芹菜茎 | 10克 |

**1** 板筋肉切成条状，下入少量精盐、味精、生粉水腌制备用。

**2** 鲜笋斜刀切片，用冷水煮熟后漂水1小时，待用；再把酸菜切片，红辣椒和芹菜茎切条，待用。

**3** 板筋肉先下油鼎中泡油至刚熟即捞起沥干油，鼎中留少量油，下鲜笋翻炒，至笋肉差不多熟的时候投入酸菜片、芹菜条和红辣椒条翻炒匀，再投入板筋肉，混合在一起翻炒，调入精盐、味精、麻油、生抽，继续翻炒均匀，下包尾油装盘即可。

# 炆结玉肉

**原料**

| | | | | |
|---|---|---|---|---|
| 猪瘦肉 | 400克 | 面　粉 | 100克 | |
| 熟鸡蛋 | 1个 | 鸡　蛋 | 3个 | |
| 湿香菇 | 15克 | 笋　花 | 12片 | |
| 红辣椒 | 10克 | 葱 | 2条 | |
| 精　盐 | 5克 | 味　精 | 5克 | |
| 鸡　粉 | 5克 | 上　汤 | 75克 | |
| 绍　酒 | 5克 | 生　油 | 1 000克（耗100克） | |
| 姜 | 10克 | 生粉水 | 少许 | |

 制法

1 先把猪瘦肉用刀片开，使用花刀把肉切横直条纹，用姜、葱、绍酒腌过披在盘里，撒上面粉，把2个鸡蛋磕开拌匀，抹在肉上，然后下油鼎炸至金黄色捞起待用。

2 将湿香菇、红辣椒切片，与笋花、精盐、味精、鸡粉和炸好的肉一起放入鼎里，加入上汤炆约5分钟后把肉捞起，放在砧板上切成3厘米长的片状，放在盘里，再将香菇片、笋花、红辣椒片间接摆在肉上面，再把熟一个鸡蛋去壳刻锯齿花纹分成两半摆在肉上面两边，将原汤用生粉水勾芡淋上即成。

# 虎皮鸽蛋

| 原料 | | | | |
|---|---|---|---|---|
| 鸽 蛋 | 12个 | 湿香菇 | 75克 |
| 火 腿 | 25克 | 酱 油 | 5克 |
| 味 精 | 5克 | 麻 油 | 2克 |
| 胡椒粉 | 1克 | 生粉水 | 5克 |
| 生 油 | 500克（耗100克） | | |

特点 色金黄，蛋似虎皮，鲜香细嫩。

**制法**

1 将鸽蛋先煮熟后放入冷水中，剥去蛋壳逐个抹上酱油上色待用。

2 炒鼎上火，放入生油，候油热时把鸽蛋下鼎炒至金黄色捞起。盛装在盘上，放入蒸笼炊热待用。

3 将湿香菇切粒，火腿切末，放入油鼎炒香，加入味精、麻油，用薄生粉水勾芡，淋在鸽蛋上，撒上胡椒粉即成。

特点 鸡肉软嫩，味道浓香。

# 生炒鸡蓬

| 原料 | | | | |
|---|---|---|---|---|
| 鸡　肉 | 400克 | 猪肥肉 | 15克 |
| 鸡蛋白 | 1个 | 方鱼末 | 25克 |
| 湿香菇 | 15克 | 味　精 | 15克 |
| 精　盐 | 10克 | 芹菜末 | 25克 |
| 绍　酒 | 5克 | 麻　油 | 2克 |
| 胡椒粉 | 0.2克 | | |
| 生　油 | 1 000克（耗100克） | | |
| 生粉水 | 少许 | | |

制法

1 先将鸡肉切成2.5厘米×4厘米的长方块，然后加入味精、精盐各5克，搅拌均匀，再加入鸡蛋白和少许生粉水再拌匀待用。把猪肥肉、湿香菇分别切成小粒待用。

2 把鼎洗净，烧热，放入生油，候油温至180℃时把鸡肉放入，用中火炸至熟捞起，将油倒出，再将肥肉粒、香菇粒放入鼎内炒香，再把已炸过的鸡肉倒入鼎内，将绍酒、味精、精盐、胡椒粉炒匀，再加入方鱼末、芹菜末、麻油拌均匀即成。

# 生炒鸡球

**原料**

| | | | |
|---|---|---|---|
| 鸡　肉 | 400克 | 湿香菇 | 20克 |
| 冬　笋 | 150克 | 味　精 | 3克 |
| 绍　酒 | 2克 | 生　粉 | 5克 |
| 麻　油 | 2克 | 鱼　露 | 10克 |
| 葱　段 | 10克 | 红辣椒 | 5克 |
| 生　油 | 1 000克（耗100克） | | |
| 生粉水 | 少许 | | |

**特点** 入口爽滑，味道清香。

076

 先把鸡肉用刀切片，使用花刀法把鸡肉切成横直花纹，然后再切成每块4厘米×4厘米左右的块，然后加入味精、鱼露、绍酒搅拌匀，再加入生粉，拌均匀待用。

2 把湿香菇、冬笋、红辣椒切片，再把拌过的鸡肉下鼎中用温油熘炸约2分钟捞起，然后把鸡肉及配料放入鼎中用旺火快炒，再加入调味料及生粉水，加入麻油及包尾油推匀盛盘即成。

# 沙茶炒鸡丝

**原料**

| | | | |
|---|---|---|---|
| 鸡胸肉 | 300克 | 青椒 | 100克 |
| 笋　肉 | 50克 | 红萝卜 | 50克 |
| 湿冬菇 | 50克 | 鸡蛋白 | 1个 |
| 沙茶酱 | 50克 | 精　盐 | 2.5克 |
| 味　精 | 2.5克 | 绍　酒 | 10克 |
| 麻　油 | 1克 | 湿生粉 | 25克 |
| 上　汤 | 75克 | 猪　油 | 750克（耗100克） |

**特点**

香嫩、脆爽，略带香辣味。

**制法**

1. 将鸡胸肉、青椒、笋肉、红萝卜、冬菇均切成约4厘米长的丝，把鸡丝盛在碗内，用精盐、鸡蛋白、湿生粉一起拌均匀待用。

2. 烧热炒鼎倒入猪油，待油烧至约180℃时，把调好的鸡丝下鼎熘炸一下倒入笊篱，趁热鼎将已切好的青椒、笋肉、冬菇、红萝卜等倒入，放少许麻油略炒一下，烹入绍酒，放入沙茶酱，再炒几下加入上汤、味精、精盐，将鸡丝倒下搅和后，即用湿生粉勾芡推匀，淋入麻油，再翻炒几下，装盘即成。

# 酸甜猪肝

| 原料 | | | | | |
|---|---|---|---|---|---|
| 猪 肝 | 300克 | | 菠 萝 | 100克（去皮） |
| 葱 段 | 10克 | | 番 茄 | 1个 |
| 白 糖 | 150克 | | 白 醋 | 125克 |
| 湿生粉 | 35克 | | 酱 油 | 10克 |
| 麻 油 | 5克 | | 生 油 | 750克（耗75克） |

**制法** ① 将猪肝用清水和少许精盐浸约1小时，同番茄、菠萝分别切成片；把猪肝放在碗内，加入酱油、湿生粉，拌和上浆待用。

② 烧热炒鼎倾入生油，待油温达180℃时，将猪肝下油鼎拉熟后，连油倒入笊篱内沥去油分。原热鼎内放入菠萝、番茄、葱段炒一炒，加入糖醋汁烧开后，用湿生粉打芡，倒入猪肝翻匀，淋入麻油，起鼎装盘便成。

# 炒乳鸽松

**原料**

| | | | | |
|---|---|---|---|---|
| 光乳鸽 | 2只 | 湿香菇 | 20克 |
| 猪瘦肉 | 100克 | 韭 黄 | 15克 |
| 火 腿 | 10克 | 浙 醋 | 10克 |
| 味 精 | 5克 | 薄饼皮 | 12张 |
| 香 菜 | 200克 | 麻 油 | 2克 |
| 精 盐 | 5克 | 胡椒粉 | 1克 |
| 荸 荠 | 200克 | 生 油 | 1 000克（耗100克）|

**特点**　松香爽脆，味道适口。

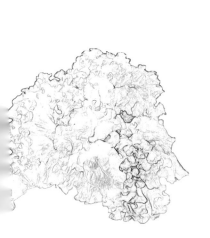

**制法**

 **1** 先将光乳鸽开腹，取去内脏洗净，用刀拆去粗骨，切去头尾，然后和猪瘦肉用刀剁成肉松待用。

**2** 把火腿、香菇、荸荠、韭黄都切成细末。

**3** 把鸽肉松先放入油鼎，煎至面呈金黄色，变硬。然后用半炸方式，捞起后沥干油，再下鼎炒约4分钟，并把荸荠、韭黄、香菇及调味料放入鼎中一起炒约2分钟盛入餐盘即成。另把头尾炸熟，后摆成鸽形上席。

**4** 将薄饼皮、香菜修切成圆形（饭碗大小）摆进小盘，并配上浙醋一小碗作佐料。

# 生炒鸡米

**原料**

| 鸡胸肉 | 300克 | 荸 荠 | 200克 |
|---|---|---|---|
| 水发冬菇 | 75克 | 火 腿 | 25克 |
| 火腿末 | 5克 | 韭 黄 | 50克 |
| 鸡蛋白 | 3个 | 味 精 | 2.5克 |
| 绍 酒 | 5克 | 精 盐 | 4克 |
| 川椒末 | 1克 | 葱 花 | 10克 |
| 湿生粉 | 5克 | 胡椒粉 | 0.5克 |
| 上 汤 | 25克 | 猪 油 | 100克 |
| 香 菜 | 500克 | 浙 醋 | 2小碗 |

**特点** 鲜香润滑，口感爽嫩。

**制法**

1. 将鸡胸肉、荸荠、水发冬菇、火腿、韭黄均切成米粒状大小（除火腿末外），盛在碗内，加入鸡蛋白、味精、精盐、湿生粉拌和，葱花和川椒末一起剁烂成茸待用。

2. 用一只小碗，加入上汤、味精、精盐、胡椒粉、湿生粉调和成芡汁待用。

3. 炒鼎烧热加入猪油，将葱椒茸先下鼎炒香，后倒入鸡米、火腿米等料炒熟，烹入绍酒，倒入芡汤，翻炒几下起鼎装盘，上面撒上火腿末即成。香菜剪成圆形盛盘（作包料用），加附浙醋2小碗上席。

# 鲜奶荷包鸡

**原料**

| | | | |
|---|---|---|---|
| 光　鸡 | 1只（不开腹） | | |
| 火腿粒 | 25克 | 鸡蛋白 | 2个 |
| 鸡肉粒 | 300克 | 鲜牛奶 | 200克 |
| 上　汤 | 600克 | 味　精 | 10克 |
| 精　盐 | 5克 | | |

**特点**

色白，汤清，味道香滑。

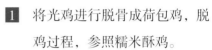

**制法**

1 将光鸡进行脱骨成荷包鸡，脱鸡过程，参照糯米酥鸡。

2 将鸡肉粒、火腿粒、牛奶50克、鸡蛋白，加入味精、精盐放在盅里，用筷子搅匀，放入鸡的腹内，用竹针缝密。

3 将填好料的鸡放入滚水鼎里烫过捞起，用冷水洗净后装在炖盅里，加上汤和鲜牛奶150克，放入蒸笼炊约1小时，取出调味即成（要注意在上菜时，去掉汤面上的油脂）。

# 清汤肚把

**原料**

| | | | | | |
|---|---|---|---|---|---|
| 肚　尖 | 350克 | | 芹　菜 | 50克 |
| 湿香菇 | 50克 | | 冬　笋 | 50克 |
| 火　腿 | 50克 | | | |
| 味　精 | 3.5克 | | | |
| 精　盐 | 10克 | | | |
| 胡椒粉 | 1克 | | | |
| 上　汤 | 1 000克 | | | |

**制法**

1. 将肚尖洗净，放在碗内，用清水泡一泡取出，划上花纹刀后再切成粗丝待用。湿香菇、冬笋、火腿都切成粗丝，将芹菜下滚水锅焯一下取出，撕成丝当绳用。

2. 将湿香菇丝、冬笋丝、火腿丝各取2条，和肚尖丝5条排整齐，用芹菜丝扎成把，逐一扎好后一起放入滚水锅中焯熟捞起，放在汤碗内，加入味精、精盐、胡椒粉，再将烧沸的上汤倒入汤碗内便成。

**特点** 爽脆鲜嫩，汤水清新。

特点

香酥美味，

秋令佳肴。

# 川椒鸡球

| 原料 | | | | |
|---|---|---|---|---|
| 鸡 肉 | 750克 | | 生 粉 | 25克 |
| 肥肉末 | 15克 | | 川椒末 | 5克 |
| 葱 珠 | 10克 | | 味 精 | 6克 |
| 精 盐 | 5克 | | 麻 油 | 2克 |
| 浙 醋 | 2碟 | | 喼 汁 | 2碟 |
| 猪 油 | 1 000克（耗100克） | | | |

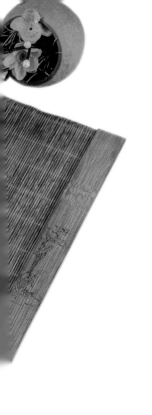

**制法**

1. 将鸡肉洗净后，切成兰花刀纹，放在盘上，加入味精、精盐、生粉拌匀后待用。

2. 烧热炒鼎，倒下猪油，候油热时放入鸡肉炸至金黄色捞起。

3. 把肥肉末、川椒末、葱珠放入鼎里炒香，再将炸好鸡肉倒入鼎里，加入调味料即炒即成（调味料要先兑在碗里，加入少许味精、麻油、生粉）。要采菜头龙或吊瓜龙，配上浙醋、唔汁各2碟上席。

**特点**

色白，味道清新润肺。

# 杏仁白肺

**原料**

| 猪　肺 | 2个（要完整不能割破） | | |
|---|---|---|---|
| 南　杏 | 30克 | 味　精 | 5克 |
| 精　盐 | 5克 | 猪　骨 | 400克 |
| 上　汤 | 500克 | 猪瘦肉 | 100克 |

**制法**

1. 把2个猪肺的喉管套在自来水龙头灌入清水，使它充水膨胀，然后轻轻把水压出，这样灌洗五六次，直至肺部里面没有血水，整个变为白色后，放入滚水锅中煮熟。

2. 熟猪肺从锅中捞起后，用刀切去喉管，并把小肺管割除干净，切成每块5厘米×2.5厘米的块待用。

3. 把猪骨、猪瘦肉用滚水泡过，洗干净。南杏也用温水泡洗净。

4. 把猪肺装入炖盅，放入南杏，盖上猪骨、猪瘦肉，加入上汤、味精、精盐，用旺火炖约60分钟，至炖烂为止。

5. 吃时把猪骨、猪瘦肉去掉，调入味精后即成。

注：如果没有上汤，可用清水500克，加入鸡粉15克使用。

# 鱼露乳鸽

**原料**

| | | |
|---|---|---|
| 乳　鸽 | 2只（已开腹的） |
| 猪肥肉 | 100克 |
| 姜　片 | 10克 |
| 白　糖 | 3克 |
| 芫　荽 | 10克 |
| 青　葱 | 10克 |
| 鱼　露 | 30克 |
| 绍　酒 | 5克 |
| 味　精 | 5克 |
| 上　汤 | 150克 |
| 麻　油 | 5克 |
| 生粉水 | 少许 |

**制法**

1　先将乳鸽洗净，用干布吸去水分。用姜片、青葱、绍酒、鱼露、味精、白糖搅拌均匀，涂在乳鸽身上。腌制15分钟待用。

2　将砂锅洗净擦干，用竹箅片垫底，再将猪肥肉用刀片切成数片，铺在竹箅片上，然后把已腌好的乳鸽放在肥肉上，再把姜、葱、芫荽放在乳鸽上面，上汤从砂锅边淋入。将砂锅盖盖密。四周封上湿纸，用中火烧滚，再转用慢火焗约18分钟便熟。

3　把已焗好的乳鸽取出，用刀切成件分别摆在盘间，再将砂锅内的姜、葱、芫荽、肥肉取出，倒出汤，用中火煮滚，加生粉水搅匀，和麻油一起淋在乳鸽上即成。

**特点**

肉质鲜嫩，具有浓香的鱼露味，保持原汁原味。

特点

汤清味鲜美，
嫩滑而不腻。

# 干贝鸡脚翅

| 原料 | | | | |
|---|---|---|---|---|
| 鸡　脚 | 12只 | 鸡　翅 | 12只 |
| 生猪肉皮 | 50克 | 排　骨 | 150克 |
| 干　贝 | 100克 | 精　盐 | 4克 |
| 味　精 | 5克 | 上　汤 | 1 000克 |
| 芹菜末 | 5克 | | |

**制法**

 先将鸡脚、鸡翅用清水洗干净，鸡脚斩去指甲，起掉脚筒的大骨和筋，鸡翅斩去约6毫米的翅尖，排骨斩开两块，用鼎把水煮滚，将排骨、生猪肉皮、鸡脚、鸡翅一起滚熟，过冷水洗干净。

**2** 把脚、翅分别摆在炖盅内，再把干贝洗净放入，上面放排骨、猪肉皮、精盐、上汤，加盖放入蒸笼炊约1个小时。取出，去掉猪肉皮、排骨和汤面的油脂，然后加入味精，再用炖盅盖盖密，用白竹纸封炖盅盖，再放入蒸笼炊10分钟。上席时跟上芹菜末，食时揭开炖盅盖，放入芹菜末即成。

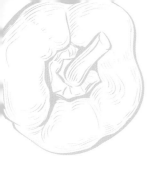

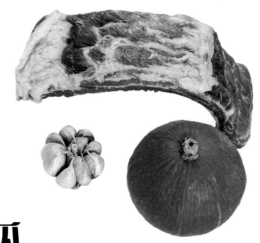

# 排骨炆南瓜

<table>
<tr><td rowspan="2">原料</td><td>排　骨</td><td>250克</td><td>大南瓜</td><td>600克</td></tr>
<tr><td>蒜</td><td>30克</td><td>鸡　粉</td><td>10克</td></tr>
<tr><td></td><td>精　盐</td><td>5克</td><td>味　精</td><td>4克</td></tr>
<tr><td></td><td>胡椒粉</td><td>0.2克</td><td>麻　油</td><td>2克</td></tr>
<tr><td></td><td>生　油</td><td colspan="3">1 000克（耗150克）</td></tr>
</table>

制
法

1　先将南瓜刨去外皮，洗净，再切成4厘米×4厘米的方块。然后把排骨切条，斩成段约3厘米长，洗净候用。最后把蒜用刀拍破，剁成蒜茸待用。

2　将炒鼎洗净烧热，倒入生油，候油热时把南瓜块放入炸过，捞起。再把油倒掉，将鼎放回炉位，加入生油100克，倒入排骨爆炒。待炒至排骨肉收缩时，再投入蒜茸炒过。然后把南瓜块倒入，加入精盐、鸡粉、胡椒粉，以及清水500克，用慢火炆至熟透，并在收汤时加入味精、麻油，搅拌均匀，最后用餐盘盛着即成。

# 八宝扣鸭

原料

| | | | | |
|---|---|---|---|---|
| 熟鸭胸肉 | 300克 | 湿莲子 | 100克 |
| 虾米 | 20克 | 熟火腿 | 40克 |
| 猪油 | 50克 | 湿香菇 | 40克 |
| 粟子 | 50克 | 湿生粉 | 10克 |
| 上汤 | 100克 | 精盐 | 2.5克 |
| 味精 | 5克 | 麻油 | 2克 |

特点

软滑醇厚，浓香入味。

**制法**

1　将熟鸭胸肉切成长方形厚片，熟火腿切成1厘米宽的"日"字形薄片。用大碗将鸭肉（鸭皮向碗底）、火腿片、香菇（香菇切片炒过）间隔排列放在碗里，砌成鱼鳞形，砌完为止。

2　栗子切粒和湿莲子放入蒸笼，炊熟后同虾米下猪油炒香，调入咸味打芡，放在鸭肉上面，加上汤蒸笼炊约20分钟取出，倒出原汤后，把原料盛入餐盘，再将原汤调味并用湿生粉勾白芡，加麻油和包尾油淋在鸭肉上面即成。

特点

肉烂香滑，带有南乳香味。

# 南乳扣肉

| 原料 | | | | | |
|---|---|---|---|---|---|
| 猪五花肉 | 700克 | | 生　油 | 750克（耗100克） |
| 芋　头 | 250克 | | 味　精 | 5克 |
| 南　乳 | 1块 | | 白　糖 | 15克 |
| 姜、葱 | 各10克 | | 酱　油 | 10克 |
| 蒜　末 | 5克 | | 雪　粉 | 25克 |
| 南乳汁 | 适量 | | | |

制
法

1. 先把猪五花肉切成5厘米×1厘米的长方形块，用酱油和雪粉拌匀，然后放入热油鼎中炸透捞起。

2. 把南乳汁滤过，加入南乳块（要先研碎）和姜葱、白糖、味精和炸好的肉块一起拌匀，落鼎用慢火炆约15分钟盛起候用。

3. 把芋头切成5厘米×3厘米的方形块，用热油炸过后捞起，再把肉块和芋头间隔排列盛入餐碗中，放入蒸笼炊约15分钟，取出置入餐碗中。

4. 把原汤用雪粉勾芡，加入蒜末淋上即成。

特点
造型美观，
肉嫩瓜香。

# 金瓜扣肉

| 原料 | | | | |
|---|---|---|---|---|
| 猪五花肉 | 700克 | 生 油 | 750克（耗100克） |
| 蒜 | 10克 | 姜、葱 | 各15克 |
| 白 糖 | 15克 | 酱 油 | 10克 |
| 五香粉 | 0.1克 | 胡椒粉 | 0.1克 |
| 精 盐 | 5克 | 味 精 | 5克 |
| 蚝 油 | 5克 | 生 粉 | 25克 |
| 麻 油 | 2克 | 金 瓜 | 1个（约700克） |
| 菜 远 | 几条 | 清 水 | 600克 |

 **制法**

1 将猪五花肉用刀切成两块,在皮部用刀片把细毛除干净,用水洗净,用少许生粉和酱油调和后涂上,再将油鼎烧热放入生油,待油温升至约160℃时将五花肉放入炸(炸时要不时地加盖,防止油点爆出烫伤皮肤),炸透捞起,放入砂锅,加入酱油、白糖、五香粉、精盐、蒜、姜葱、胡椒粉,以及清水约600克,用慢火炖1个小时捞起待用。

2 将金瓜去皮和籽,然后切成6厘米×3厘米的块状,用油炸过。把已经炖好的猪五花肉冷却后切片(6厘米×3厘米),再把一片金瓜和一片五花肉依次排放在大碗间,淋上原汁,整碗放入蒸笼炊20分钟取出。

3 将已蒸好的金瓜和五花肉,反扣在盘中,倒出原汁。把菜远灼熟后拌在周围,再将原汤汁倒入炒鼎内,加入蚝油、麻油,用生粉勾芡,淋在金瓜扣肉上即成。

# 潮汕卤鹅

| 原料 | | | | |
|---|---|---|---|---|
| 狮头鹅 | 1只（约6 000克） | | | |
| 酱　油 | 750克 | 猪肥肉 | 250克 | |
| 精　盐 | 100克 | 冰　糖 | 50克 | |
| 白　酒 | 50克 | 味　精 | 15克 | |
| 川　椒 | 10克 | 桂　皮 | 10克 | |
| 丁　香 | 5克 | 南　姜 | 150克 | |
| 芫荽头 | 50克 | 香　芒 | 50克 | |
| 八　角 | 10克 | 甘　草 | 10克 | |
| 色　油 | 10克 | 大　蒜 | 50克 | |
| 清　水 | 约5 000克 | 蒜头醋 | 2碟 | |

**特点**　潮汕特产的狮头鹅，肉质肥美，卤鹅是地方风味食品，香滑入味，肥而不腻。

**制法**

1 把狮头鹅开腹取出内脏，洗净晾干，用精盐100克抹在鹅骨内外，并用竹筷一段架在腹腔内。

2 取卫生纱布一块，将川椒粒下炒鼎炒香盛起，与八角、桂皮、甘草、丁香放在纱布中包扎成球，放入卤水盆里，加入酱油、色油、冰糖、南姜、香芒、白酒，并把猪肥肉用刀片开成块放入，再加入清水，将大蒜、芫荽头、南姜放入光鹅腹内（卤熟时取出），以中火把卤水烧沸，再把鹅放入卤水盆里，大煮约1小时30分钟（中间要将卤鹅吊起离汤后再放入，反复四次），并注意把鹅身翻转数次，使其入味，然后捞起放凉待用。

3 把熟卤鹅放在砧板上切成厚片，淋上卤汁（加入味精），使之湿润即成。上席时跟上蒜头醋2碟。

特点

此菜晶莹剔透如水晶，味鲜软滑，入口即化，肥而不腻。

# 鲜猪脚冻

原料

| 猪五花肉 | 400克 | 猪前脚 | 1 000克 |
|---|---|---|---|
| 猪　皮 | 250克 | 芫　荽 | 25克 |
| 鱼　露 | 15克 | 味　精 | 3.5克 |
| 冰　糖 | 12克 | 猪　油 | 6克 |
| 明　矾 | 1克 | 清　水 | 1 500克 |

108

制法

1 将猪五花肉、猪前脚、猪皮刮洗干净，分别切成块（猪五花肉每块重约100克；猪前脚起骨，每块重约200克；猪皮每块重约50克）。

2 将上述肉料用沸水分别焯过后，用清水洗净。砂锅内放清水烧沸，加入冰糖、猪油和鱼露，放入竹篾片垫底。把肉料放在上面，在中火炭炉上或煤气炉上烧沸，后转用文火熬3个小时至软烂取出，捞起肉料，去掉猪皮，放入干净不锈钢方盘。然后将砂锅内浓缩的原汤750克，放回炉上烧至微沸，加入明矾，去浮沫，再加入味精，用洁净纱布将汤滤过后，倒入已放肉的不锈钢方盘内。然后等候冷却凝结，取出切块放在盘中，用芫荽叶伴边，以鱼露作佐食。

# 炒沙茶牛肉

 **原料**

| 牛　肉 | 300克 | 芥蓝菜 | 300克 |
|---|---|---|---|
| 沙茶酱 | 50克 | 白　糖 | 10克 |
| 精　盐 | 2克 | 味　精 | 2克 |
| 绍　酒 | 10克 | 麻　油 | 5克 |
| 红　椒 | 1个 | 生姜、生粉 | 各10克 |
| 生　油 | 750克（耗100克） | | |

**特点** 肉质嫩而爽滑，沙茶香辣味浓。

  1 将牛肉切成片，加入精盐、味精、清水，用手搅至肉质有黏度时再加入生粉、生油，搅匀待用。将芥蓝菜洗净，切段待用。

2 将沙茶酱盛入碗内，加入白糖、绍酒、麻油搅匀，成调味料。

3 炒鼎入油烧至180℃，放入牛肉拉油，再捞出沥干油。鼎内留少量生油，放入芥蓝菜爆炒后盛入盘中，再将牛肉倒回鼎内，加入生姜、红椒和调味料，翻炒后摊在芥蓝菜上即成。

特点

表面酥脆，
肉嫩浓香。

# 铁拍乳鸽

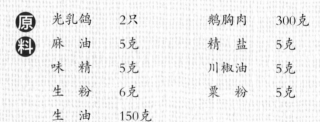

原料

| 光乳鸽 | 2只 | 鹅胸肉 | 300克 |
| 麻　油 | 5克 | 精　盐 | 5克 |
| 味　精 | 5克 | 川椒油 | 5克 |
| 生　粉 | 6克 | 粟　粉 | 5克 |
| 生　油 | 150克 | | |

**制法**

**1** 先将光乳鸽开腹，取去内脏洗净，用刀拆去骨起肉，然后将乳鸽肉、鹅胸肉一起混合，用刀剁成肉茸，边剁边把川椒油逐步加入，然后加入味精、精盐、生粉、粟粉、麻油，再用刀剁拌，使鸽肉增加厚度，并使鸽肉、鹅肉融合，做成2片待用。

**2** 将鼎烧热，放入生油，将乳鸽肉茸分别放入鼎内，用慢火煎，煎至熟透，并且两面呈金黄色（在煎时要不断翻动），鸽脚、头、翅用油炸过，放入餐盘，鸽肉切块砌在餐盘，摆成鸽形。上席时，要彩盘拌边，同时配上甜酱和浙醋佐食。

# 普宁豆酱骨

特点

鲜嫩香醇，有浓郁的豆酱味。

**原料**

| | | | |
|---|---|---|---|
| 排　骨 | 约750克 | 普宁豆酱 | 60克 |
| 白　糖 | 20克 | 白　酒 | 2.5克 |
| 芝麻酱 | 15克 | 生　姜 | 2片 |
| 青　葱 | 2条 | 香　油 | 5克 |
| 生　油 | 50克 | 味　精 | 5克 |
| 湿生粉 | 10克 | 二　汤 | 500克 |
| 金　瓜 | 1个 | | |

114

**制法**

1. 先将排骨斩成6厘米长的段，用清水浸洗干净，装入盆中，加入普宁豆酱、白糖、香油、白酒、味精、生姜、青葱、芝麻酱，搅拌均匀，腌制15分钟。

2. 砂锅中垫上竹箴片，放入排骨、姜、葱，从锅边淋入二汤，再把生油淋在排骨上面。砂锅用锅盖盖密，四周封上湿纸，快火煲滚后改中慢火焗30分钟。

3. 将金瓜去皮，切成4厘米长的条块，用中温油炸熟。把已焗好的排骨和炸好的金瓜放入盘中，过滤掉排骨汁原汁，将少许香油和湿生粉混合后煮滚，分别淋在排骨上即成。

# 银杏猪肚

**原料**

| | | | | |
|---|---|---|---|---|
| 银　杏 | 300克 | 熟猪肚 | 200克 |
| 红萝卜 | 100克 | 青　葱 | 50克 |
| 二　汤 | 750克 | 味　精 | 5克 |
| 精　盐 | 6克 | 鸡精粉 | 5克 |
| 胡椒粉 | 0.5克 | 麻　油 | 5克 |
| 生　粉 | 10克 | 猪　油 | 40克 |

**特点**　色泽鲜艳，口感香醇。

**1** 先将连壳的银杏用清水煮滚，滚至熟后倒入竹箕。打破壳后，把肉开成两边，用沸水滚银杏肉，然后倒入盆内用冷水浸洗，用手摩擦漂水，去心和外皮。再用水滚过、漂凉、浸水5小时（洗清水几次才能漂去苦涩味），待用。

**2** 将熟猪肚切成丁粒，红萝卜用刀刻成小花或切成小片状，把清水放入鼎中，放入红萝卜花煮滚捞起，再把猪肚粒和银杏分别放入沸水中飞水捞起，待用。青葱切成粒状。

**3** 把鼎洗净放入二汤，将银杏、猪肚、红萝卜放入鼎内煮滚，再放入精盐、味精、胡椒粉、鸡精粉、猪油一起煮。然后用生粉加清水成稀粉水，调入鼎内，再入青葱粒、麻油搅均匀，倒入不锈钢小鼎即成。

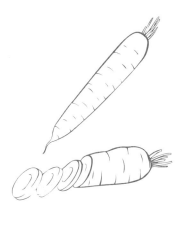

# 冻金钟鸡

**原料**

| 肥嫩稚鸡 | 1只（约1250克） | | |
|---|---|---|---|
| 琼　脂 | 10克 | 鱼胶粉 | 15克 |
| 鸡　蛋 | 2个 | 熟瘦火腿 | 25克 |
| 芫　荽 | 25克 | 罐头青豆 | 24粒 |
| 葱　条 | 10克 | 姜　片 | 10克 |
| 精　盐 | 10克 | 味　精 | 5克 |
| 绍　酒 | 2.5克 | 上　汤 | 500克 |
| 鸡　油 | 10克 | | |

**特点**

此菜清凉爽滑，晶莹透明，各种原料清楚可见。造型美观，因形似金钟，故名。

1. 将鸡宰净取出内脏晾干。用精盐5克和绍酒调匀擦遍鸡腔内，再放入姜、葱，盛入餐盘。将鸡蛋（整个）放入碗里加入清水。将琼脂用清水浸2小时后，同鱼胶粉、上汤、味精、精盐5克放入炖盅。把鸡、鸡蛋、琼脂炖盅等放入蒸笼用旺火炊15分钟取出。

2. 将鸡蛋用水冷却去壳，取出鸡蛋白洗净（蛋黄不用），切成1厘米×1厘米的薄片，共24块；把晾凉的鸡拆骨，取一部分鸡肉（连皮的）切成同样大小的24块，其余的切成4毫米×4毫米的细粒。火腿切成1厘米×1厘米的薄片共24块。

3. 取小茶杯24个，每个涂上薄薄的一层鸡油，各放入青豆一粒垫底，在旁边放入芫荽叶、鸡蛋白、火腿、鸡肉各一件整齐地间隔开（鸡肉有皮的一面和芫荽叶面贴向杯壁）。然后把其余的鸡肉粒适量加入，最后把尚未凝结的鱼胶和琼脂注入杯内，与杯面平。候冷却凝固后放入冰箱，食时轻轻倒出，覆扣排列在盘中间即成。

# 红炖羊肉

**原料**

| | | | | |
|---|---|---|---|---|
| 连骨羊肉 | 1 200克 | 南　姜 | 25克 |
| 味　精 | 5克 | 老　姜 | 25克 |
| 大　蒜 | 50克 | 芫　荽 | 50克 |
| 红辣椒 | 5克 | 五香粉 | 0.1克 |
| 蚝　油 | 10克 | 酱　油 | 15克 |
| 精　盐 | 6克 | 麻　油 | 5克 |
| 洋　葱 | 100克 | 番　茄 | 100克 |
| 生　粉 | 20克 | 生　油 | 1 000克（耗100克） |

**1** 将羊肉洗净，放入滚水里煮10分钟捞起，再洗干净晾干待用，然后用酱油5克，再加入生粉10克拌匀，抹在羊肉的皮上待用。

**2** 将炒鼎烧热，放入生油，候油热时把羊肉投入油中炸，炸至呈金棕色捞起，把南姜、大蒜、芫荽、老姜、羊肉一起放入底部垫有竹箓片的锅里，加入清水约150克和五香粉、红辣椒、精盐、蚝油，先用猛火煮滚，后转慢火炖，炖至肉烂时捞起，拆去骨，肉用刀改成块片状，砌在碗里（肉皮向碗底），加入原汁放在蒸笼里炊10分钟取出待用。

**3** 把洋葱和番茄洗净切片，下鼎爆炒过放在盘底，再把羊肉翻置在盘中，原汁下鼎，加入味精、麻油等调味料，加入生粉勾芡，淋在羊肉上面即成。上席时，配上南姜末、白糖醋2碟作佐料。

# 附录

## 部分烹饪专用词及原料、调料名称解释

焯——在滚水中略一煮就拿出来。

炊——清蒸。

蟹目水——煮至70℃时的清水。

飞水——在蟹目水中烫一下取出。

生粉——木薯淀粉。

薯粉——番薯淀粉。

雪粉——经漂白加工的番薯淀粉。

粟粉——玉米淀粉。

糕粉——又叫潮州粉，是用生糯米浸洗后，经炒熟磨成的粉。

澄面——经加工而成的无筋面粉，又称汀粉、小麦淀粉。

草鱼——鲩鱼。

脚鱼——甲鱼、鳖、水鱼。

螺蟾——螺头较硬部分。

生鱼——斑鱼。

蚝——牡蛎。

鱼饭——潮汕地区俗语：将多种多样的同类鱼装进小竹筐，撒上海盐，炊熟即为"鱼饭"。

虾胶——鲜虾肉（剔去虾肠）捣烂后，加入味精、盐、生粉和蛋清搅匀。

冰肉——已腌过糖的猪肥肉。

瓜碧——糖制的冬瓜片。

金瓜——金黄色的南瓜。

吊瓜——黄瓜。

珠瓜——苦瓜，也叫凉瓜。

秋瓜——水瓜。

荸荠——马蹄，俗称钱葱。

银杏——指银杏果，即白果。

菜胆——油菜、白菜的芯。

香菜——生菜、莴苣菜。

芫荽——胡荽，个别地方叫香菜。

菜远——去掉花及硬茎，留最嫩的一段。

竹笙——竹荪。

红萝卜——胡萝卜。

菜脯——咸萝卜干。

姜薯——甜薯，其外表像姜一样有小毛根，是潮汕的土特产，肉色洁白、质地清、甘、香。

芋茸——芋蓉。"茸"为潮菜惯用词。

川椒——花椒。

淮盐——用炒好的川椒末与精盐一起拌匀而成。

胡椒油——熟油中加入胡椒粉。

元酱——甜酱，用白糖、辣椒酱煮成的。

梅膏酱——盐浸梅子和白糖捣成的酱。

糖油——白糖和清水熬煮成的糖浆。

北葱——大葱。

葱珠——葱花，指切碎的葱段。

葱珠油——将葱珠煎成金黄色，且有葱香味的熟油。

猪网油——也称网油，指猪腹部呈网状的油脂。

包尾油——菜肴在上碟前加入适量猪油，以增加光亮度。


注：书中有一些文字的含义可能与通用的不一致，如广府的"炒镬"，北方叫"炒锅"，但潮汕叫"炒鼎"。这是因为潮汕地区民间和餐饮界对传统的中原饮食古文化保留得较为完整，为了传承潮汕地区的特有文化，本书特意保留了部分地道的潮汕用语。